AF335911

EXAMEN CRITIQUE

DU

COSMOS

DE HUMBOLDT.

AVEC L'EXPOSÉ D'UN NOUVEAU SYSTÈME DE L'UNIVERS
BASÉ SUR UNE LOI UNIQUE ET DONNANT L'EXPLICATION PHYSIQUE ET RATIONNELLE
DES PRINCIPES NEWTONIENS;

PAR

A.-J. REY DE MORANDE (DE MACON),

*Auteur du Mécanisme de l'Univers et du Principe vital
et d'une Nouvelle théorie de la végétation.*

— *Multa in paucis.* —

— « La nature considérée rationnellement est l'unité
dans la diversité des phénomènes ; c'est le tout pénétré
d'un souffle de vie. » —

Cosmos, page 3.

Se trouve, avec les ouvrages du même auteur * :

A PARIS,

LIBRAIRIE DE Mme Ve BOUCHARD-HUZARD,

RUE DE L'ÉPERON, 7,

ET CHEZ LES PRINCIPAUX LIBRAIRES.

Prix : 1 fr. 25 c.

* Facilité et avantages de l'introduction en France de la culture en grand de plusieurs plantes
intertropicales très-utiles. 1 vol. 1830. — Mémoire sur la température moyenne et Nouvelle Théorie
de la végétation. 1 vol. 1833. — Précis sur la culture de la canne à sucre. 1831. — Nouvelle
source de richesses. 1832. — Plus de famines. 1840. 3 brochures. — Du mécanisme de l'Univers
et du principe vital. Brochure. 1840.

1846

PREMIÈRE PARTIE.

Examen critique du Cosmos.

SOMMAIRE.

Manière dont Humboldt envisage la loi d'unité dans l'organisation de l'univers. — Ses erreurs. — Ses contradictions.

Description du ciel. — Nébuleuses. — Lumière zodiacale. — Comètes. — Leurs émanations gazéiformes. — Étoiles filantes. — Bolides. — Aérolithes.

Forces centrales. — Systèmes innombrables qu'elles gouvernent.

La terre. — Sa forme, son volume, sa densité, son calorique. — Liens mystérieux. — Marées. — Le *Cosmos* reconnaît aussi que l'action qui produit les marées étend ses effets sur tous les corps qui dépendent de notre globe. — Son impuissance à définir la loi d'unité.

Diminution progressive de la température moyenne et de la masse des eaux. — Causes des cataclysmes. — Impuissance du *Cosmos* pour résoudre ces questions, dont notre théorie fournit la solution.

Électro-magnétisme. — Sa cause. — Ses courants. — Tremblements de terre. — Volcans. — Nouveaux aperçus. — Formation de la houille et du règne minéral. — Opinions erronées du *Cosmos*.

Pôle austral. — Masse continentale qui le recouvre. — Erreur du *Cosmos*. — Exhaussement du sol. — Nouvelles données sur les marées. — Mythe des anciens sur la triple Hécate.

Éléments de la force vitale plus développés aux pôles. — Rosée. — Calorique rayonnant. — (L'Algérie et ses productions.) — Météorologie. — Électricité. — Magnétisme animal.

Vie organique. — Race humaine.

Résumé critique du *Cosmos*.

SECONDE PARTIE.

Exposition d'un nouveau système de l'Univers basé sur une loi unique et donnant l'explication physique et rationnelle des principes newtoniens.

SOMMAIRE.

Système de Newton. — Il rentre dans l'ordre physique des faits dont il n'est que l'expression. — Principes de physique sur lesquels le nouveau système appuie les lois de la gravitation universelle et des mouvements des corps célestes.

Base fondamentale de la loi d'unité. — Sa définition. — Son application au mécanisme de l'univers et aux phénomènes appartenant plus particulièrement à notre globe.

Pressions réciproques. — Causes du développement du calorique considéré comme agent principal de la force motrice et de la vitalité.

Les corps organisés ou non organisés participent aux effets des commotions productives des marées. — Cette participation est prouvée par l'ensemble des faits accomplis par la loi d'unité.

Mode d'action de la vitalité organique. — Le calorique intérieur du globe est également soumis à l'action de la loi d'unité, dans ses effets matériels et vitaux.

Cercle dans lequel s'opère la périodicité des rénovations successives subies par notre planète. — Sa solidarité et son unité avec les autres corps célestes. — Unité trinitaire.

La loi d'unité harmonise physiquement les effets de la puissance vitale avec ceux de l'organisation matérielle de l'univers. — Immenses progrès assurés à la médecine, à l'agriculture et à l'application des principes humanitaires par la démonstration de cette concordance physique, morale et rationnelle de l'action de tous les agents de la nature avec la loi d'unité qui régit l'univers.

EXAMEN CRITIQUE DU COSMOS.

PREMIÈRE PARTIE.

EXAMEN CRITIQUE DU COSMOS.

Manière dont Humboldt envisage la loi d'unité dans l'organisation de l'univers. — Ses erreurs. — Ses contradictions. — L'empressement général avec lequel le *Cosmos* a été accueilli en France, lors de sa publication, en 1846, prouve deux choses : la première, le mérite éminent de cet ouvrage, empreint de la profonde érudition qui distingue si particulièrement les savants de l'Allemagne ; et la seconde, la popularité qu'acquiert de plus en plus le goût des études sérieuses, de ces études dont l'objet principal est l'agrandissement du domaine de l'intelligence et de la morale.

Pour éviter, comme le dit Humboldt (p. 32), de diminuer, par l'accumulation des détails, l'impression et la valeur des aperçus généraux, et pour ne pas encourir le reproche fait aux Allemands (p. 33), d'avoir le don de rendre les sciences inaccessibles, nous espérons parvenir, dans cette courte notice, à débarrasser l'édifice de l'échafaudage qui a été nécessaire pour sa construction, afin d'en rendre les abords plus faciles et le sublime aspect plus saisissable dans son ensemble et dans ses immenses proportions. Notre examen critique sera donc, à plusieurs égards, un éloge mérité des longs et importants travaux de l'illustre auteur du *Cosmos* ; et, si nous avons occasion de contester quelques-uns de ses aperçus sur des points controversés, de relever quelques oublis, quelques erreurs, c'est que nous pensons avoir trouvé la loi d'unité qui résout toutes les difficultés, c'est que nous croyons dans l'état actuel de la science et des faits, et contrairement à l'opinion d'Humboldt, à la possibilité de concevoir rationnellement le monde entier des phénomènes et de les expliquer par l'action d'une seule force motrice qui pénètre la matière, la transforme et la vivifie (p. 77).

Tout en convenant avec ce savant (p. 74), «qu'une pareille conception assignerait à la science du *Cosmos* un but plus élevé,» nous n'avons pu, comme lui, nous refuser à la recherche de cette loi d'unité dont à chaque page il reconnaît l'existence, en avouant néanmoins « qu'il est loin de blâmer des efforts qu'il n'a pas tentés, de les blâmer par la seule raison que leur succès est resté jusqu'ici très-douteux. » Mais c'est à tort, nous sommes forcé de le dire, qu'il vient mettre en doute que, dans le champ de la philosophie, un pareil succès puisse jamais être obtenu. Une semblable assertion ne tend qu'à porter le découragement dans des études qui ont incontestablement pour but principal la découverte de cette loi unique dont les effets se manifestent sans cesse à nos regards étonnés. Ce serait étrangement méconnaître la hardiesse et la force des facultés intuitives départies à l'homme par une intelligence supérieure, que de prétendre les circonscrire dans une sphère entièrement matérielle. Que deviendraient alors les hautes notions sur l'éternité, l'infini de l'espace et de la matière, l'immortalité de l'âme, le principe vital, l'essence et les attributs de la divinité, etc., notions toutes en dehors des calculs de la mécanique céleste et des travaux d'une analyse purement matérielle? Il serait ridicule, avouons-le, de vouloir poser des bornes à ce qui n'en a pas, de se refuser à l'alliance de la science et de la raison, lorsqu'elles veulent essayer de parvenir par la synthèse aux découvertes les plus élevées auxquelles elles ont justement droit de prétendre. Aussi, sommes-nous heureux sous ce rapport, de surprendre en contradiction avec lui-même l'auteur du *Cosmos,* lorsque, après avoir contesté toute l'efficacité de l'emploi de la synthèse et de vues générales pour embrasser la loi d'unité qui régit l'univers, il rend immédiatement témoignage à cette efficacité, dans l'explication qu'il donne des causes de la chaleur propre à notre planète, en admettant sans scrupule (p 271) «que notre globe a été originairement formé par la » condensation progressive d'une partie de l'atmosphère nébuleuse » du soleil, » et sans craindre d'ajouter : « La science de la na-

» ture, nous l'avons déjà rappelé plusieurs fois, n'est point une
» aride accumulation de faits isolés ; elle n'est pas bornée par les
» étroites limites de la certitude matérielle ; elle doit s'élever aux
» vues générales et aux conceptions synthétiques. »

Nous sommes flatté de prouver par cette citation et par beaucoup d'autres, que le génie du savant Humboldt, malgré ses écarts et ses contradictions les plus marquées, a été obligé de rendre un éclatant hommage aux principes que nous professons sur l'unité harmonique des lois de la nature, et d'avouer que l'emploi de la synthèse doit servir à établir la proposition la plus rationnelle pour expliquer la chaîne entière des phénomènes. Cependant, lorsqu'après notre examen rapide du *Cosmos,* nous formulerons notre nouveau système pour arriver à la construction de l'immense édifice dont nous n'allons reproduire en ce moment que les principales proportions, nous ne nous sommes pas cru autorisé par l'exemple de nos devanciers, à y faire entrer des éléments hétérogènes ou en dehors de ceux fournis par la nature ; bien loin delà, nous nous sommes fait un devoir de n'admettre que les seuls matériaux déjà vérifiés par la science, et ils nous ont suffi pour donner toute la solidité et toute la régularité possibles à un monument qui n'a d'autres bornes que l'infini.

Humboldt prélude à son *Cosmos* par un vaste et magnifique chapitre qu'il intitule : *Considérations sur les différents degrés de jouissance qu'offrent l'aspect de la nature et l'étude de ses lois.* — A la richesse du style se joint la profondeur de la pensée qui font de cette savante introduction un portique digne de l'édifice. Là, comme ailleurs, nous retrouvons cette profession de foi de l'auteur, qui l'entraîne comme malgré lui à ne reconnaître dans l'œuvre de l'univers qu'une seule loi directrice qu'il n'ose jamais formuler. Aussi, nous ne cesserons de le répéter, il est évident que, si l'on veut éviter de ne présenter dans l'étude de l'univers que l'aride encyclopédie de nombreux matériaux, toujours épars et isolés les uns des autres, il faut nécessairement avoir recours à la loi d'unité, reconnue indispensable pour parvenir à élever un monument imposant et régulier ; sans une juste application de cette loi, l'étude de l'univers devient tout à fait incomplète et même défectueuse. Ces vérités sont loin d'être contestées par l'auteur du *Cosmos*, mais il se contente de les mettre en relief, sans oser se livrer davantage à la recherche de cette loi suprême, et sans même se hasarder à proposer son hypothèse. Cependant il reconnaît tellement l'importance de ces recherches, dont il ne veut ou ne peut s'occuper, qu'il encourage à chaque instant les autres à s'y livrer, en continuant à déclarer insuffisantes et presque inutiles toutes les études, même les plus étendues, sur l'ensemble de l'univers, si elles n'ont pour résultat et pour complément une conception physique et rationnelle de ce principe d'unité si vainement étudié par les plus grands génies de l'antiquité et des temps modernes. C'est ainsi (p. 45) que Humboldt se débat avec ce principe qui l'étreint de toutes parts :

« L'introduction au *Cosmos* n'avait pas du reste pour but de
» faire valoir l'importance et la grandeur de la physique du
» monde, lesquelles ne sont pas contestées de nos jours. J'ai
» voulu seulement prouver que, sans nuire à la solidité des
» études spéciales, on peut généraliser les idées, les concentrer
» dans un foyer commun, montrer les forces et les organismes
» de la nature comme mus et animés par une même impulsion.
» La nature, dit Schelling dans son poétique discours sur les
» arts, n'est pas une masse inerte; elle est, pour celui qui sait
» se pénétrer de sa sublime grandeur, la force créatrice de
» l'univers, force sans cesse agissante, primitive, éternelle, qui
» fait naître dans son propre sein tout ce qui existe, périt et
» renaît tour à tour. »
» En reculant les limites de la physique du globe, en réunis-
» sant sous un même point de vue les phénomènes que présente
» la terre avec ceux qu'embrassent les espaces célestes, on
» s'élève à la science du cosmos, on convertit la physique du
» globe en une physique du monde. Mais la science du cosmos
» n'est point l'agrégation encyclopédique des résultats les plus
» généraux et les plus importants que fournissent les études
» spéciales. Ces résultats ne donnent que les matériaux d'un
» vaste édifice; leur ensemble ne saurait constituer la physique

» du monde, cette science qui aspire à faire connaître *l'action*
» *simultanée et le vaste enchaînement des forces qui animent*
» *l'univers.* »

Mais Humboldt lui-même oublie entièrement de pratiquer
d'aussi sages préceptes, et il n'est que trop certain que, dans
aucune cosmogonie, nous n'avons également pu rencontrer cette
véritable physique du monde dont l'absence est si justement
regrettée par le *Cosmos*, et n'avons au contraire trouvé partout
qu'une aride et trop passagère encyclopédie. N'est-ce pas sans
doute tout ce qui peut résulter de ces insignifiantes compilations
modernes, faites avec les seules études spéciales toutes fondées
sur une stérile science d'emprunt, tandis que les immortels travaux des Descartes et des Newton traverseront les siècles et
porteront toujours avec eux le cachet du génie de ces grands
hommes.

Le ciel. — Dans une autre introduction qui fait suite à la
première, Humboldt, tout en professant les mêmes principes,
représente encore l'impossibilité où il se trouve de réduire l'immensité des phénomènes à l'unité d'une loi directrice (p. 70,
74 et 77). — Après cette seconde introduction, l'auteur entre
en entier dans l'exploration de son sujet : il commence d'abord
par déclarer (p. 81) qu'il considère le problème de l'explication
de la nature comme insoluble. Ensuite il entreprend la description du ciel par la reproduction des données astronomiques et
conjecturales sur les nébuleuses ; en parlant de la lumière zodiacale, il émet une opinion où il nous paraît sortir de sa réserve
accoutumée : « Cette lumière, dit-il (p. 92), formée par les
» matières gazéiformes que les queues des comètes abandonnent
» dans l'espace, doit être soumise aux lois de la gravitation, et
» plus condensée par conséquent aux environs de l'énorme masse
» du soleil. »

De tout ce qui a été dit de plus important sur les comètes
par Humboldt, ce qui nous a le plus frappé, c'est la quantité
prodigieuse des émanations gazéiformes que leur attribue la
science astronomique, émanations tellement abondantes qu'elles
ont atteint notre atmosphère et ont pu s'y mêler plusieurs fois,

notamment en 1819 et 1823 (p. 111). — Pour expliquer les retards anormaux dans la marche de la comète d'Enke, l'astronomie nouvelle est obligée d'admettre que les espaces célestes sont remplis par une matière fluide excessivement ténue, qui opposerait une certaine résistance aux mouvements des corps célestes (p. 119).

Bolides. — Aérolithes. — Étoiles filantes. — Les détails extrêmement curieux et remplis d'intérêt dans lesquels entre Humboldt sur les bolides, les aérolithes et les étoiles filantes, ont constamment captivé notre attention. Mais, depuis longtemps nous avions pensé, comme Poisson (p. 464), que ces phénomènes purement météorologiques étaient le résultat de l'électricité et des fluides impondérables placés au-dessus de notre océan atmosphérique, et que ces corps, produits instantanés d'une opération chimique opérée dans le grand laboratoire de la nature avec les agents si variés et si puissants dont elle dispose, devaient, suivant Képler, être bannis de l'astronomie (p. 460, *aux notes*). Humboldt, au contraire, pense que ces phénomènes sont le résultat des mouvements combinés des corps célestes.

Forces centrales. — Systèmes innombrables qui en dépendent. — Abordant la question de notre système planétaire, l'auteur reconnaît que les forces centrales sont à la fois celles qui constituent et celles qui maintiennent un système (p. 161). Après avoir établi que le mouvement de translation du soleil, entraînant avec lui tout son système dans l'espace sans bornes, est le double du mouvement de translation de la terre autour de cet astre, Humboldt nous fait part (p. 164) d'une nouvelle conquête de l'astronomie. Cette science est parvenue à constater dans l'espace un nombre illimité (il dépassait 2800, en 1837) de systèmes semblables au nôtre, dont les astres composants circulent aussi autour d'un centre commun de gravité. Telle est l'immense et nouvelle preuve de l'universalité des lois de la gravitation. A quelques-uns de ces systèmes, il faut jusqu'à des milliers d'années pour opérer leur révolution elliptique. — « Ces vastes périodes, dit Humboldt avec son style poétique (p. 168), forment une horloge éternelle de l'univers. A l'aide de l'astronomie

» disparaît l'immobilité apparente qui règne dans les cieux. Les
» étoiles sans nombre sont emportées comme des tourbillons de
» poussière dans des directions opposées. Les nébuleuses erran-
» tes se condensent ou se dissolvent; partout le mouvement rè-
» gne dans les espaces célestes comme il règne sur la terre en
» chaque point de ce riche tapis de végétaux, dont les rejetons,
» les feuilles et les fleurs présentent le spectacle d'un perpétuel
» développement. » — Au reste, l'orgueil de l'esprit humain est
forcé de s'humilier lorsqu'il reconnaît son impuissance pour entreprendre le calcul, soit de ces corps innombrables répandus
dans l'infini de l'espace, soit celui des animalcules microscopi-
ques de la matière, où germent continuellement des myriades
d'êtres organisés.

*La terre. — Sa forme, son volume, sa densité, son ca-
lorique. — Liens mystérieux.* — Après avoir parcouru les
cieux, le *Cosmos* reporte ses savantes investigations sur notre
humble sphère, si étroitement rattachée à l'organisation générale de l'univers. Il étudie ses relations bien palpables, bien évidentes avec le grand tout, relations qu'Humboldt nomme des
liens mystérieux. La forme de la terre et son volume y sont
scientifiquement constatés. Il n'en est pas de même de sa densité et de son calorique, qui le sont beaucoup plus hypothéti-
quement ; cette densité est évaluée en moyenne à 5, 44 de celle
de l'eau pure. Quant à son calorique intérieur, rien de précis
sous le rapport de sa quotité et de ses effets. Beaucoup d'hypothèses invraisemblables, des aperçus sans portée nous ont paru
caractériser cette partie importante du *Cosmos.* Au lieu de sup-
poser une augmentation graduelle du calorique de la circonférence au centre, il fallait ne pas oublier que cette progression
peut bien être interrompue ou extrêmement diminuée par des
causes que nous ignorons. Les anciens s'imaginaient aussi que la
chaleur, déjà si forte en Syrie, devait, d'après une proportion
graduée, devenir tout à fait intolérable sous les régions équato-
riales qu'ils n'avaient jamais franchies et qu'ils appelaient zone
torride ; et cependant un simple effet, résultat d'une plus grande
dilatation dans l'air atmosphérique, suffit pour renverser toutes

leurs conjectures, puisqu'en effet la chaleur est bien moindre en pleine mer *sous la ligne,* où elle ne dépasse pas 24°, et ne s'y élève pas plus sur les continents qu'en Syrie. Le *Cosmos* a également oublié de rapporter un fait bien simple, mais bien positif, qui nous donne la mesure des moyens mis à la disposition de la nature, et si différents de ceux sur lesquels nous appuyons nos fausses théories. Il aurait dû rappeler que les causes les plus prépondérantes pour assurer le développement d'une forte chaleur sur les continents, pendant les saisons convenables, proviennent d'une plus grande densité de l'atmosphère jointe à son immobilité. Cette seule cause nous a suffi pour expliquer rationnellement, dans notre nouvelle théorie de la végétation, les fortes chaleurs estivales des régions continentales du Nord et plusieurs autres phénomènes analogues.

L'action qui produit les marées étend aussi ses effets sur tous les corps qui dépendent de notre globe. — Du moins, Humboldt est forcé de déclarer (p. 195), qu'il reconnaît avec nous, et ainsi que nous l'avons publié pour la première fois en 1840, que la gravitation newtonienne du soleil et de la lune ne saurait borner ses effets à la superficie seule de notre globe pour y produire les marées, mais doit aussi étendre son action à l'intérieur sur les gaz qui y sont renfermés, ainsi que sur tous les autres fluides des corps organisés ou non organisés. Sans doute qu'Humboldt, dans la crainte du despotisme de la science classique, n'a pas voulu se compromettre en adoptant nos idées dans toute leur étendue ; mais, tout en les restreignant, il en a reconnu la justesse, sinon la portée.

Diminution progressive de la température moyenne et de la masse des eaux. — La théorie du calorique intérieur du globe rapportée par le *Cosmos*, telle qu'elle est établie par Fourier et contestée par Poisson, n'en est pas moins une des conceptions les plus importantes pour l'étude des phénomènes particuliers à notre planète. Quant à la question de refroidissement progressif de notre globe, elle est aussi bien loin d'être résolue d'une manière satisfaisante par la science, malgré les calculs établis entre la longueur du jour astronomique au temps d'Hipparque avec celle de notre époque. Nous ferons observer qu'en effet la température extérieure pourrait s'être considérablement abaissée sans aucune influence sensible sur la température intérieure, ni par conséquent sur le volume de la terre ; et c'est cet abaissement de température extérieure qu'il nous importe le plus, à nous pauvres humains, de constater sous nos latitudes tempérées. Car les rayons solaires répandent entre les deux tropiques une masse constante de calorique suffisante pour y maintenir la température à un certain degré d'élévation que rien ne saurait détruire. Les deux questions qui occupent le plus en ce moment le monde savant, sans qu'il soit parvenu à les éclaircir, sont cependant faciles à résoudre. La température moyenne va-t-elle en s'abaissant? La masse générale des eaux va-t-elle en diminuant? Telles sont les deux questions posées par la science et auxquelles elle n'a pu répondre. Nous allons essayer de donner en peu de mots leur solution par l'affirmative.

L'étude physique de la terre prouve qu'à ses deux pôles il se forme une accumulation constante et progressive de glaces dites polaires, et que notre globe, comme tout autre corps organisé, est frappé de refroidissement d'abord par ses extrémités. Si cette accumulation bien réelle, bien incontestable, n'était pas ralentie par la fonte et par l'écoulement de la plus grande partie de ces glaces dans les mers environnantes, il est certain qu'en peu de siècles les pôles seraient surchargés d'une masse énorme d'eau congelée. Mais ce n'est pas ainsi que procède la nature, dont les moyens sont si simples et si réguliers dans le cercle des transformations qu'elle parcourt. Pour créer un diamant, comme pour opérer la plus minime transformation minéralogique, n'a-t-elle pas en sa puissance et à sa disposition, avec les éléments organiques de vitalité, avec les affinités, avec les attractions moléculaires, *l'immensité du temps et de la matière,* éléments qu'elle a refusés à la faiblesse de notre organisation intellectuelle. Ainsi, lorsque par l'accumulation si lente des glaces polaires, elle produit presque imperceptiblement pour nous tout à la fois, et la diminution de la masse des eaux à l'état de fluidité et le refroidissement de la température, la nature n'en marche pas moins droit à son but de rénovations successives et éternelles dans un cercle tracé.

Causes des cataclysmes. — Une question d'un plus haut intérêt que celles qui précèdent devrait exercer la sagacité de nos savants pour en obtenir une solution quelque peu satisfaisante. Les capacités scientifiques en renom devraient bien nous dire dans quel but et à quelle fin notre hémisphère septentrional possède annuellement la présence du soleil sur l'horizon, pendant sept jours, dix-huit heures de plus que l'hémisphère austral; ou, en d'autres termes, pourquoi, d'une équinoxe à l'autre, l'axe terrestre reste-t-il incliné pendant sept jours dix-huit heures de plus dans l'hémisphère austral que dans le boréal? Nous savons bien qu'en raison de l'ellipse parcourue par la terre, les choses ne peuvent se passer autrement, quoique la science ait été jusqu'à admettre qu'à une certaine époque le globe n'éprouvait aucune inclinaison dans son axe et offrait un printemps perpétuel. Mais, selon nous, au moyen de cette accumulation successive de glaces à l'un et à l'autre pôle, et néanmoins plus considérable au pôle austral, la nature, par cette rupture d'équilibre, en amenant insensiblement un changement de centre de gravité dans le globe et par suite un brusque déplacement des eaux océaniques et de celles congelées, assure à notre sphère les conditions nécessaires pour opérer seule et par elle-même ses rénovations périodiques connues sous le nom de cataclysmes ; rénovations dont la science ne saurait fixer le nombre, mais qui ont laissé partout des traces évidentes.

N'est-il pas, en effet, plus que surprenant, si ce n'est providentiel, que le pôle austral, indépendamment de son hiver plus long, présente encore une énorme masse continentale polaire, vérifiée dans ces derniers temps, afin d'y favoriser davantage une accumulation de glaces bien plus forte qu'au pôle nord, presque entièrement composé de mers dans lesquelles ces glaces s'écoulent et se fondent en plus grande quantité. — A quelle époque ce déplacement de centre de gravité et les résultats qui en seront les conséquences pourront-ils avoir lieu? c'est ce que la science peut sans doute parvenir à calculer approximativement. Ce que nous voulions constater, c'est que notre globe, dont les volcans sous-marins préparent sans cesse de nouvelles montagnes, pendant que les courants océaniques creusent d'autres vallées, possède en lui-même, dans le cercle éternel de l'ordre physique qui lui est assigné, tous ses moyens généraux et particuliers de rénovations et de transformations. C'est encore dans la réunion des effets physiques provenant de l'accumulation des glaces polaires avec ceux plus prépondérants des lois de la pesanteur universelle, que doivent se trouver les véritables causes perturbatrices qui occasionnent la nutation de l'axe terrestre, nutation sur laquelle le *Cosmos* garde le silence le plus complet.

Électro-magnétisme. — Sa cause. — Ses courants. — Dans ses savants aperçus sur le magnétisme terrestre, Humboldt n'a pas fait état d'une observation résultant de la conformation extérieure du globe, et qui présente la plus grande facilité pour expliquer le phénomène d'une manière générale. On sait que le magnétisme terrestre n'est que le résultat de l'électricité du globe, laquelle n'est elle-même que le produit ou nouvel état du calorique : il s'ensuit que les courants électriques de notre sphère doivent, d'après sa conformation, s'établir dans le sens de son axe pour aboutir à ses deux pôles ou extrémités. En effet, ce sont les seuls points extérieurs du globe où il n'existe aucune force centrifuge ou perturbatrice. Sous un autre point de vue, les rayons terrestres qui y aboutissent, étant plus courts chacun de 1/300e, le calorique qui, sous forme électrique, réagit du centre à la circonférence, trouve une moindre distance à parcourir. Enfin, les surfaces polaires, d'une étendue extrêmement circonscrite, sont suffisamment aplaties et en *repos,* pour y favoriser mieux qu'ailleurs, dans de telles conditions, une accumulation ou concentration extérieure du fluide électro-magnétique fourni par la masse entière du globe et qui sans cesse y aboutit. On conçoit alors facilement l'origine et la force de ces phénomènes électro-magnétiques, producteurs des aurores boréales. On conçoit également la cause de ces courants électro-magnétiques obligés de refluer, par le seul effet de la pression atmo-

sphérique, vers l'équateur, où la force centrifuge les disperse
dans les parties supérieures atmosphériques. C'est là qu'ils forment ces courants électriques si variés, et qui ont une si grande
influence sur tous les phénomènes météorologiques dont l'étude
est si compliquée, si difficile. Ce n'est, il faut en convenir, qu'en
observant d'abord la nature dans ses effets les plus généraux,
qu'on parvient plus facilement à la suivre dans ses effets les plus
variés et qui ne sont que la conséquence des premiers. C'est
ainsi que les causes accidentelles et particulières de déviations
dans les courants électro-magnétiques, dans la diminution ou
dans l'augmentation de leur intensité, se conçoivent alors beaucoup mieux. Car on ne peut espérer arriver à des conséquences
plus exactes, plus rationnelles, qu'en retrouvant le point de départ adopté par la nature.

*Tremblements de terre. — Nouveaux aperçus. — Forma-
tion de la houille et du règne minéral.* — En attribuant,
comme Humboldt, à l'action de la chaleur centrale du globe et
à sa force de réaction de l'intérieur à l'extérieur la cause de la
production des tremblements de terre, nous ne voyons dans ce
phénomène que des ruptures partielles d'équilibre qui font partie de la constitution physique de notre globe pour y entretenir
la vie et le mouvement. De même que nos deux océans, aqueux
et aérien, ne peuvent produire leurs avantages physiques sans
les agitations que nous appelons tempêtes, désastres, et qui sont
indispensables à leur organisation particulière; de même, le calorique central a besoin de ses orages intérieurs pour apporter
son contingent dans l'harmonie des phénomènes organiques et
vitaux de notre globe. Les volcans si justement redoutés ne sont
cependant, comme le dit Humboldt, que des soupapes de sû-
reté contre la trop grande intensité de ces commotions souterraines, et ce qui paraît un nouveau fléau n'est, au contraire,
qu'un moyen employé par la nature pour diminuer les effets de
plus grands désastres. Ces masses gazéiformes, éternellement
en mouvement dans l'intérieur du globe, n'ont pas non plus produit leurs plus grands effets bienfaisants dans des temps recu-
lés, comme l'affirme Humboldt (p. 246), en fournissant à l'at-

mosphère, plus abondamment qu'aujourd'hui, une quantité d'acide carbonique nécessaire au développement de forêts gigantesques et hors de proportion avec celles que nous voyons et qui, selon lui, et lors de leur enfouissement, ont seules pu former ces abondantes couches de charbon de terre, modernes éléments de richesse et de puissance. Pour nous, ces lits de combustibles ont la même origine que les autres minéraux dans le grand travail de la nature; seulement, comme chacun des minéraux formés dans le sein de la terre a besoin d'une gangue, ou germe primitif, pour assurer son développement, comme pour les végétaux, la gangue des mines de charbon de terre a sans doute pu être primimitivement quelques forêts enfouies. La nature, continuant son travail, a fourni à cette gangue devenue un germe nouveau, au moyen de ses gaz intérieurs et extérieurs, et ainsi que pour les autres minéraux, tous les éléments propres à son développement successif et également sans limites comme les forces éternelles et vitales répandues dans la matière organique. Les éléments constitutifs du diamant évaporés dans le grand tout sous forme de gaz, ne doivent-ils pas s'y reproduire pour coopérer à d'autres œuvres infinies et sans bornes dans leurs éternelles transformations? Puisque rien ne peut se perdre dans la nature, et particulièrement dans la matière organique de notre planète, les mêmes productions gazeuses qui entretiennent perpétuellement les mines sans cesse renouvelées d'asphaltes, de bitumes, de matières sulfureuses, etc., y développent aussi éternellement par un travail analogue les mines de houille, qui se composent des mêmes éléments.

Tout ce que répète le *Cosmos* sur la formation des roches, sur les végétaux et les animaux fossiles, présente une riche nomenclature des dernières investigations de la science sur ces branches de l'histoire naturelle. Il y renouvelle (p. 325) les erreurs que nous venons de signaler sur la formation des mines de charbon de terre, qu'il considère, contre toute vraisemblance, comme entièrement formées de forêts enfouies. Dans tout ce que nous venons de dire, nous sommes loin de contester la formation des lignites, ou forêts enfouies pétrifiées, si souvent vérifiées par les naturalistes.

Pôle austral. — Masse continentale qui le recouvre. — Erreur du Cosmos. — Nous sommes obligé de relever une erreur matérielle bien importante, faite par Humboldt dans sa Géographie physique du globe. Voici ce qu'il dit, page 336 du *Cosmos :* « Depuis le 40° degré de latitude sud, jusqu'au pôle antarctique, l'écorce terrestre est presque entièrement couverte « d'eau; l'hémisphère austral est donc essentiellement océanique. » — Humboldt a oublié de porter ici en ligne de compte les immenses côtes continentales polaires (plus de 600 lieues), dont l'existence a été tout récemment constatée au pôle austral par des navigateurs français et américains, qui les ont nommées terres *Adélie* et *Victoria.* Au surplus, longtemps avant que ces terres eussent été reconnues, nous nous étions par induction formé l'opinion bien rationnelle sur la probabilité de leur existence. Et, en effet, ce n'était que sur la base solide d'une masse polaire continentale dépourvue de mers que pouvait s'accumuler continuellement une plus grande quantité d'eau à l'état solide et d'un volume suffisant pour produire, indépendamment de toutes autres circonstances, une température glaciale bien plus étendue et bien plus forte que celle qui a lieu au pôle boréal. Nous avons vu aussi que, faute par la science d'avoir su reconnaître et apprécier ces différences, les immenses conséquences physiques qui en sont le résultat lui sont demeurées inconnues, ainsi que leur corrélation avec les phénomènes les plus importants qui se réalisent sur notre globe, et dont la périodicité des cataclysmes forme la partie la plus remarquable.

Exhaussement du sol. — Marées. — Mithe des anciens sur la triple Hécate. — Des faits analogues à l'accumulation successive, mais lente, des glaces polaires, sont rapportés par Humboldt, lorsqu'il parle de l'exhaussement progressif de certains continents. « Depuis 8000 ans, dit-il (p. 348), le rivage « oriental de la péninsule scandinave s'est peut-être élevé de plus « de 100 mètres; si ce mouvement est uniforme, dans 12000 « ans, des parties du fond de la mer voisines de ce littoral, et

» couvertes actuellement de 50 brasses d'eau, commenceront à
» émerger et deviendront terre ferme. » Non-seulement tous ces
exhaussements progressifs ont lieu par voie de soulèvement,
mais aussi par l'effet d'atterrissements successifs; mais Humboldt,
en signalant ce fait, ne saurait y découvrir aucune analogie avec
l'augmentation constante des glaces polaires. Nous observons
également avec regret, que le savant Humboldt, dans un ouvrage
aussi sérieux que le *Cosmos*, ait jugé à propos de ne consacrer
qu'une seule page (359) au plus important des phénomènes terrestres, à ce phénomène connu sous le nom de marées et tellement connexe avec le système entier, que selon nous il peut
lui seul servir à expliquer, à faire comprendre tous les autres.
Le *Cosmos* n'a réellement pas su apprécier l'immense portée de
ce grand mouvement océanique, de ce phénomène qui relie évidemment le ciel à la terre par la triple unité qui enchaîne ensemble le soleil, la terre et la lune, au moyen de leurs corréla-
tions physiques, attractives, réciproques et immuables, et qui
met en évidence la profondeur et la justesse de ce mythe des
anciens sur la puissance immense et symbolique qu'ils recon-
naissaient à la lune. Personne n'ignore que c'est sous le nom de
triple Hécate qu'ils désignaient sa triple influence sur l'organisme entier de notre sphère; et cependant, plusieurs centaines
de pages du *Cosmos* sont consacrées à reproduire la description
astronomique du ciel, celle des fossiles, des formes des roches,
etc., et ne présentent que trop les nombreuses redites de la
science. Tant il est vrai que, dans un ouvrage de cette nature,
l'absence si frappante de nouveaux et hardis aperçus d'unité et
d'ensemble sur l'organisation générale de l'univers, ne fait souvent, d'un travail important et rempli d'érudition, qu'une œuvre
indigeste, sans liaison et qui contribue bien peu à l'augmentation
des richesses scientifiques.

*Forces vitales plus développées aux pôles. — Rosée. —
Calorique rayonnant. — (L'Algérie et ses productions). — Météorologie. — Electricité.* — Aucune idée nouvelle et de quelque portée ne se reproduit non plus lorsqu'Humboldt reconnaît
(p. 365), que, dans les vastes profondeurs des mers plus qu'ail-

leurs, le mouvement et la vie ont tout envahi. Il oublie de rappeler cette vérité demeurée inaperçue et que nous avons signalée précédemment dans nos ouvrages. Nous avons démontré que ce sont les effets plus énergiques des compressions et du calorique intérieur du globe qui, dans les profondeurs *des mers polaires,* ont donné plus de vigueur et plus d'abondance que sur toutes les autres parties de la terre aux forces organiques et vitales qui s'y multiplient sous tant de formes. Lorsqu'Humboldt s'occupe de la météorologie, de la distribution des climats, il entre dans une foule de détails sans doute fort intéressants, mais avoués par lui bien insuffisants pour faciliter la solution des questions qui se rapportent à ces points, peut-être les plus difficiles quoique les plus matériels de la science. Surchargée par les détails, sa théorie des climats s'occupe trop peu des observations principales à l'aide desquelles les plus importantes questions se simplifient singulièrement. C'est ainsi que nous, observateur aussi pendant un long laps de temps des climats intertropicaux, avons été à même de publier, il y a quinze ans, à l'aide de cette seule grande division des effets de la chaleur sèche et de la chaleur humide, que jamais on ne parviendrait à obtenir agricolement et commercialement en Algérie une seule livre de sucre, de café ou de coton ; tandis qu'Humboldt se borne à rapporter, il est vrai, une prodigieuse quantité de faits climatériques et d'observations, mais toutefois sans résoudre aucune question de quelque importance. Cependant nous avons reconnu avec une satisfaction toute particulière qu'Humboldt, malgré les décisions contraires et erronées de certaines sommités scientifiques, avait continué d'admettre comme nous (p. 399) le phénomène de la rosée, auquel dans ces derniers temps on a voulu substituer d'une manière absolue et trop exclusive l'action seule du rayonnement, pour expliquer dans certains cas l'abaissement de la température ; car les deux effets agissent simultanément, et l'un ne saurait exclure l'autre.

La complication des causes perturbatrices dans l'accomplissement des phénomènes météorologiques, a fourni à Humboldt (p. 405) une singulière comparaison avec celle des causes perturbatrices qui altèrent sans cesse les mouvements des corps célestes. Nous verrons bientôt, dans l'exposition de notre système, que ces prétendues perturbations ne sont que des effets d'une loi physique toujours subsistante, toujours agissante pour maintenir éternellement dans tous les corps, et avec un équilibre indestructible, la vie et le mouvement inhérents à la condition d'ensemble et d'unité de leur organisation. Tout ce que reproduit le Cosmos sur l'électricité est inférieur à ce qui a déjà été publié sur cette partie si intéressante de la science de l'univers. On voit avec regret qu'il n'a pas même pris connaissance d'un ouvrage moderne, très-remarquable, sur l'analyse des forces primitives de la nature. L'auteur (madame la princesse de Galitzin), dans une savante théorie, en trouve la base fondamentale dans la triple unité des éléments constitutifs de la chaleur, de la lumière et de l'électricité. Enfin le Cosmos n'a rien dit non plus sur le magnétisme animal, sur cette nouvelle branche de la science de l'électricité, qui prouve la liaison intime des facultés intuitives avec certains effets physiques de la vitalité.

Vie organique. — Lorsque le *Cosmos* aborde la question si compliquée, si difficile de la vie organique, il tombe dans plusieurs contradictions, dans plusieurs erreurs. Il déclare (p. 409) vouloir repousser les inabordables questions d'origine, pour se borner à l'étude descriptive de notre planète; et cependant, nous avons vu le *Cosmos* entreprendre de traiter la question d'origine de la terre et lui en donner une bien contestable, en la faisant provenir *d'une émanation gazeuse du soleil*... Il admet (p. 409 et 410) que les animaux et les végétaux sont soumis aux mêmes forces qui régissent les corps bruts, subissent l'action des mêmes agents, pour en tirer la conséquence de la liaison du tableau de la nature inorganique à celui de la répartition des êtres vivants, c'est-à-dire *à la géographie des plantes et des animaux*... En vérité, le *Cosmos* ne nous paraît plus être à la hauteur de la science, lorsqu'il rapetisse et fausse ainsi l'enchaînement et les conséquences physiques de la loi d'unité qui régit en même temps, matériellement et vitalement, aussi bien à la superficie de notre globe que dans son intérieur, tous les corps organisés ou non organisés. Car le *Cosmos* oublie entièrement de parler de la formation et du développement des minéraux dans l'intérieur de la terre, lesquels sont cependant considérés par tous les naturalistes comme des corps organisés de même que les végétaux et les animaux, et comme eux ayant aussi leur enfance, leur maturité et leur décomposition. Enfin, il oublie également de traiter la question concernant la manière dont se distribue en eux la vie organique, comme il garde un prudent silence sur la loi générale qui produit l'ascension de la sève et sa rénovation au mois d'août, phénomènes restés jusqu'à présent sans explication, malgré les investigations réitérées et toujours impuissantes de la plus haute science qui, dans son désespoir et faute de notre principe d'unité, les a aussi proclamés être le résultat de causes *occultes*.

Race humaine. — Le *Cosmos* est terminé par un chapitre sur la race humaine, où nous avons rencontré les idées les plus justes et les plus raisonnables sur un pareil sujet. « Phy- » siquement, il conçoit (p. 425) les races humaines comme » formées d'une espèce unique, s'accouplant en restant fécondes » et se perpétuant par la génération. » — « Moralement (p. 430), » il envisage l'humanité dans son ensemble comme une grande » famille de frères, comme un corps unique, marchant vers un » seul et même but, le libre développement des forces morales. » — Il aurait dû ajouter : comme un corps marchant trop lentement vers l'application si tardive des lois humanitaires. C'est pour avoir oublié que la nature tend sans cesse à nous rappeler ce noble et premier but pendant ce passage si rapide et si rempli d'épreuves qu'on appelle la vie, que l'homme a pu considérer comme une anomalie, dans l'ordre naturel des faits, ces accidents si nombreux, si divers, qui compromettent sa fragile existence, tandis qu'ils ne sont réellement que la liaison, le complément nécessaire des effets physiques et moraux prévus par une intelligence supérieure. Vainement les tremblements de terre, les trombes, les pestes, les choléras, les crimes, tous les désordres des passions, enfin les fléaux de toute espèce, sans cesse suspendus comme l'épée de Damoclès, menacent à chaque

instant d'arrêter brusquement le cours d'une vie si agitée, si
éphémère, pour donner de redoutables avertissements à celui que
son orgueil a classé roi de la création, à cet être doué de raison,
possesseur d'une âme immortelle, et qui reconnaît un Dieu juste
préparant dans l'éternité la récompense de la vertu et le châtiment
du coupable ; vainement, pour graver des traits ineffaçables dans
son cœur et y entretenir de salutaires terreurs, la nature lui
prouve constamment, par des châtiments trop justement mérités,
qu'il fausse la mission qui lui a été confiée, qu'il viole les lois les
plus sacrées, lorsque, dans son étroit et ignorant égoïsme, il cesse
de comprendre l'unité et la solidarité physiques et morales qui
lient si étroitement tous les membres de la grande famille du
genre humain.

Quoique toujours punis de notre coupable et fol aveu-
glement, quoique avec le peu d'espoir encore éloigné que les
épaisses ténèbres qui obscurcissent notre faible raison seront
enfin détruites pour nous faire mieux apercevoir le but que la
nature nous montre, nous devons dès à présent nous empresser
de rendre ici un juste hommage de reconnaissance à la religion
et à la nation qui s'occupent le plus sérieusement de faire pro-
gresser ces grands principes humanitaires, véritable contrat d'as-
surance mutuelle, jusqu'alors si mal compris et si mal pratiqués.
Qu'il nous soit aussi permis de joindre notre faible voix à ceux
qui crient anathème contre tout souverain et contre tout clergé
ne marchant pas sincèrement et simultanément à la tête des
progrès humanitaires et matériels. Car il est évident que ces
dépositaires infidèles de l'autorité confiée à leurs soins, en vio-
lant ainsi leur mandat, ne deviennent plus alors qu'une odieuse
et nuisible superfétation dans un ordre social qui tend sans cesse
à une perfection progressive déjà trop difficile à réaliser, quoique
la destinée positive, mais lointaine, du genre humain soit de
sortir radieuse un jour de cette voie d'erreurs, de passions et
de crimes où il se trouve encore plongé (1).

(1) Nous publierons bientôt un ouvrage purement philosophique, où nous
prouverons que l'accroissement du bien-être matériel et moral des sociétés dépend
de leurs progrès humanitaires, et que c'est de l'entier oubli de l'accomplissement

Résumé critique du Cosmos. — Nous résumerons notre examen en accordant à Humboldt une certaine supériorité de génie d'observation dans la réunion d'un grand nombre d'éléments classiques les plus variés, les plus intéressants et les mieux choisis pour y puiser des renseignements utiles sur la physique générale de l'univers. Mais il a essentiellement fait défaut à la science en isolant trop ses différents matériaux, en se refusant d'en faire un emploi plus utile, plus immédiat, par l'absence de tout essai de la construction de l'immense édifice où ils doivent entrer : en un mot, il a tronqué son sujet et l'a réduit à des proportions insolites et trop exiguës, en oubliant de l'étudier plus sérieusement sous le rapport de l'unité synthétique à laquelle ce cosmogonite se trouve forcé néanmoins de rapporter ses inspirations les plus élevées et les plus judicieuses.

Malgré ses défauts, le *Cosmos* est encore dans son genre, nous le déclarons avec justice, l'ouvrage le plus complet et le plus consciencieux de notre époque. Ce qui, à nos yeux, diminue le plus le mérite de son auteur, c'est d'avoir préféré, nous le répétons, comme la plupart de ses devanciers, mettre trop à l'écart le point d'unité qui devait principalement le guider, pour ne s'attacher qu'à suivre l'ornière toute tracée, au risque de ne rencontrer au bout qu'un abîme infranchissable et sans fond. Au surplus, les torts que nous reprochons à Humboldt, et que notre rôle de critique nous oblige de formuler, sont réellement ceux de notre époque. Ces défauts sont même portés à un plus haut degré chez tous les auteurs contemporains qui se sont livrés comme lui aux études d'un pareil sujet. Nous les avons lus avec la plus grande attention, et nous avons été obligé de reconnaître

sans restriction de ces obligations reconnues les plus sacrées et les plus impérieuses de notre civilisation prétendue chrétienne, que provient ce malaise général, fruit d'un criminel et stupide égoïsme, qui précipite les peuples dans l'abîme des révolutions et les amène à cet état de corruption et de dégradation faussement attribué à d'autres causes. Nous y rappellerons surtout qu'en l'absence de ce lien si puissant, si vivifiant d'unité et de fraternité apporté aux hommes par le Christ, et depuis si scandaleusement mis en oubli, les nations comme les particuliers demeurent frappés de cette espèce de vertige, d'isolement et d'impuissance, qui devint autrefois la punition de la folle impiété des constructeurs de la tour de Babel.

que, nonobstant le progrès des idées, plusieurs étaient aussi tombés dans les erreurs des anciens qui, plus excusables et faute de science exacte, se laissaient, dans leur cosmogonie, entraîner par le torrent de leur imagination. D'autres, au contraire, froids et impassibles comme Humboldt, se perdent dans l'immensité des détails, sans pouvoir non plus se rallier à la loi unique qui relie, qui explique tous les phénomènes, et qui pouvait seule leur servir de guide. D'autres enfin, se confinant exclusivement dans la métaphysique, tombent dans l'idéalité, tandis que le plus petit nombre, n'embrassant qu'une seule partie de la science, pensent néanmoins pouvoir donner le plan de l'édifice. Mais tous reconnaissent l'existence de cette loi unique, qu'aucun d'eux n'a pu établir d'une manière même seulement hypothétique, et encore moins quelque peu scientifique et rationnelle.

Pour éviter les mêmes fautes, nous avons cru devoir considérer, dans l'état actuel de la science, le système de l'univers comme représenté par un immense et imposant édifice profondément enfoui dans le sable, et dont les plus habiles et les plus laborieux architectes ne seraient parvenus à nous retracer que quelques parties incomplètes, nous laissant dans l'ignorance sur l'ensemble et la régularité des proportions de tout le reste. Nous avons donc dû diriger tous nos efforts pour essayer de déblayer la totalité de l'édifice, en profitant des travaux déjà exécutés, afin d'en présenter un plan plus entier et qui pût satisfaire tout à la fois la science et la raison. Lors même que dans ce travail nous n'aurions pas réussi selon nos désirs, nous croirons toujours utile aux progrès de la science d'avoir essayé d'expliquer notre nouveau système de l'univers, tel qu'il est aussi envisagé par Humboldt lui-même, d'après l'épigraphe que nous lui avons empruntée : « *La nature considérée rationnellement est l'unité dans la diversité des phénomènes ; c'est le tout pénétré d'un souffle de vie.* » Et nous espérons que nos nouveaux aperçus, quoique extrêmement rapides, mériteront de fixer l'attention des lecteurs éclairés et impartiaux, bien convaincu qu'il n'y a que les esprits superficiels qui mesurent l'importance d'une publication sur son étendue.

D'un autre côté, ce qui contribue à nous rassurer, c'est de voir le public sensé repousser depuis quelque temps les indigestes in-folios dont on ne cesse de l'accabler, et apprécier à leur juste valeur ces prétendus chefs-d'œuvre scientifiques, véritables compilations informes, toujours illustrées, toujours soutenues par les nombreuses et éclatantes trompettes d'une fallacieuse et vénale renommée. Mais avec une agglomération de gros livres, on se donne des airs de penseur et d'érudit, c'est dire qu'il reste encore une assez belle chance à cette branche de spéculation des compilateurs et des libraires. Cette chance toute spéculative est d'autant plus facile à réaliser, avouons-le, pour les auteurs modernes, qu'ils savent prudemment se soustraire aux difficultés que les philosophes anciens avaient hardiment abordées, surtout dans leurs cosmogonies, en traitant, très-imparfaitement sans doute, la question de l'organisation de l'univers considéré *rationnellement*, et telle que Humboldt lui-même est forcé de la rétablir ; mais les modernes, tout en mettant entièrement de côté la solution de cette question ainsi posée, quoiqu'elle soit la seule véritable, ont oublié que cette difficile et importante question est d'ailleurs aussi ancienne que le monde, et que les Indous, les Egyptiens, les Grecs et les Romains l'avaient étudiée et définie avant nous de la même manière, et enfin qu'elle n'a jamais été différente de celle reproduite dans le *Mens agitat molem* de Virgile.

DEUXIÈME PARTIE.

Exposition d'un nouveau système de l'Univers basé sur une loi unique et donnant l'explication physique et rationnelle des principes newtoniens.

Le système de Newton rentre dans l'ordre physique des faits dont il n'est que l'expression. —Le système de Newton qui comprend la partie la plus essentielle, la plus savante et la plus exacte des lois de l'univers, a besoin néanmoins d'un complément indispensable pour le faire rentrer dans l'ordre *physique* des faits dont il n'est que l'expression. Ce complément se trouve dans la loi unique, physique et rationnelle, à l'aide de laquelle nous sommes parvenu à expliquer la chaîne entière des phénomènes, sans la moindre interruption dans aucun des anneaux qui en font partie. Les causes admises dans les études classiques pour expliquer les mouvements des corps célestes, leurs différentes phases, leurs positions relatives ou d'ensemble, ne sauraient provenir de qualités déclarées *occultes* par une science impuissante, mais doivent trouver, comme tous les autres phénomènes, leur solution dans les lois de la physique.

Aussi, Newton et ses disciples, en isolant leur principe d'attraction ou gravitation universelle de ces mêmes lois, l'ont-ils rendu incomplet et insuffisant pour expliquer l'enchaînement des phénomènes, tandis qu'en parvenant à faire rentrer cette grande et incontestable vérité dans le domaine de la physique, elle acquiert toute l'étendue et toute l'importance qui lui appartient; et nous ne doutons pas que, si l'immortel génie de Newton reparaissait dans notre époque, il s'empresserait de mettre son système en harmonie avec les progrès de la science.

En reprenant le système de Newton tel qu'il est formulé encore actuellement, on sait qu'il repose sur ces trois bases : l'attraction dont Dieu aurait *doué* la matière, une *impulsion première*, et le *vide universel*. Mais Newton, qui de son temps avait ses raisons pour éviter toute explication physique, nous en donne les motifs dans ses ouvrages, où il déclare formellement n'avoir agi ainsi *que pour n'avoir rien à démêler avec les physiciens*. Depuis, les savants modernes, soit par paresse d'esprit, soit autrement, ont laissé subsister ces ingénieuses hypothèses, sans prendre la peine de rechercher la nature des causes physiques qui doivent les appuyer; recherches que les progrès de la physique moderne serviraient d'ailleurs beaucoup à faciliter. Ils ont détruit au contraire l'harmonie et la force des idées newtoniennes par l'admission des nouveaux principes du plein éthéré de Descartes, par la constatation de résistances opposées par des masses gazéiformes, par les anomalies vérifiées dans les mouvements de plusieurs corps célestes, sans que pour cela ils se soient plus inquiétés de faire concorder les principes newtoniens avec ces faits nouvellement acquis. Quant à nous, à l'aide de notre loi unique, toutes les anomalies disparaissent, et la gloire de Newton brille d'un nouvel éclat.

Sous un autre rapport, nous avons pu reconnaître que dans tous les temps, les plus grands génies, les philosophes de toutes les sectes, de tous les pays, en dirigeant leurs études sur le mécanisme de l'univers, avaient surtout cherché à découvrir, à expliquer le principe moteur de toutes choses. Si tous nous avaient paru avoir échoué dans leurs recherches, c'est parce qu'en voulant approfondir *ce principe comme intelligence créatrice et suprême*, ils faisaient évidemment de vains et inutiles efforts pour connaître ce qui est au-dessus des conceptions humaines. Mais il n'en est pas de même si ce principe est étudié dans *l'œuvre créée*, seulement pour en reconnaître les résultats, pour découvrir les ressorts cachés qui maintiennent et dirigent l'univers dans son ensemble, dans ses mouvements généraux et particuliers, ou pour étudier les causes des phénomènes qui sans cesse étonnent ou éblouissent notre imagination : telle est la partie de la tâche abandonnée à la faiblesse de nos lumières. C'est surtout en portant ses regards en haut que, saisi d'admiration et de respect, le sage ne cherche à pénétrer que les seuls mystères qui sont à la portée de son intelligence ; ceux qu'il ne saurait comprendre écraseraient la faiblesse de sa raison s'il parvenait à les apercevoir autrement qu'au travers du voile éloigné d'une perspective intuitive. Comment, en effet, pourrait-il apprécier différemment l'éternité et l'infini? C'est en vain qu'il répètera avec Pascal que l'univers est un cercle dont le centre est partout et la circonférence nulle part ; malgré la grandeur et la justesse de cette définition, il se trouve en dehors de toutes ses idées. S'il porte ses réflexions sur l'éternité, il ne peut plus retrouver la mesure du temps, et il songe avec une terreur religieuse que ses moyens d'investigation sur le temps et sur l'espace ne lui procurent que des quantités purement relatives, uniquement appropriées à sa faiblesse et à l'étroite prison où il se trouve circonscrit, et qui deviennent entièrement nulles s'il veut les rapporter à l'infini. — Ces courtes réflexions ne nous ont pas paru inutiles, puisqu'elles doivent servir à nous prému nir contre l'orgueil que peuvent nous inspirer quelques calcu!s astronomiques qui, malgré leur mérite particulier, sont bien insuffisants, bien incomplets pour l'étude des lois de l'univers.

Bases fondamentales des principes de physique servant à expliquer les lois newtoniennes. — Les bases nouvelles sur lesquelles nous avons appuyé les principes classiques de l'attraction et d'une impulsion première pour expliquer rationnellement et physiquement non-seulement tous les phénomènes de l'univers, mais encore plus particulièrement ceux qui se réalisent sur notre globe, se trouvent dans l'application d'une seule loi générale et dans un développement plus étendu et plus rationnel des principes de physique sur le calorique, sur les gaz et autres fluides impondérables, sur la porosité des corps et sur l'impénétrabilité moléculaire. C'est à l'aide de ces principes les plus incontestables de la physique moderne, qu'avec notre méthode contenant l'application d'une loi unique et universelle, aucun des grands phénomènes de la nature ne reste plus sans solution, et cela avec un enchaînement de faits et de preuves propres à convaincre les esprits les plus difficiles, et à porter l'éclat de la lumière dans les parties les plus ardues et les plus obscures de la science.

Éléments de la loi d'unité. — Ce principe, base fondamentale de la physique moderne, qu'*un fluide éthéré, éminemment subtil et élastique remplit l'espace* une fois admis, rien de plus simple dans notre théorie que les conséquences qui en découlent.

Chaque astre a son fluide *éthéré* et *élastique,* qui l'environne, qui le *pénètre* jusqu'à son *centre,* d'après les lois de la porosité. (Suivant notre célèbre de Laplace, les corps les plus durs ont un milliard de fois plus de vide que de plein.)

Ce fluide, que nous considérons comme prenant son point de départ du centre de ces astres, en fait partie et n'en est en quelque sorte que le prolongement. Tous les astres sont par conséquent en *contact* les uns avec les autres par leurs fluides éthérés. Dans cette position ces corps célestes exercent les uns envers les autres des pressions et des réactions réciproques et continuelles ; pressions et réactions dont les effets s'étendent nécessairement et forcément jusqu'à leur centre. Ce contact et ces pressions réciproques, d'où nous déduisons la principale cause des lois de la gravitation, maintiennent et les astres et leurs fluides dans les positions déterminées et invariables des orbites qu'ils parcourent chacun dans son système planétaire particulier, et tous dans l'ensemble du système général formant l'immensité et l'éternité incommensurables des cieux. Ces corps, que par rapport à l'infini de l'espace et de la matière, quelque grandeur relative qu'ils aient entre eux, nous pouvons sans inconvénient considérer comme des infiniment petits, possèdent en eux-mêmes, *par le calorique qui leur est propre, une force suffisante pour produire entre eux, avec le concours de leurs fluides éthérés et d'un ou plusieurs foyers centraux,* les divers mouvements célestes qui font l'objet de nos observations et de nos calculs. Cette force motrice, et pour ainsi dire vitale, peut être comparée en quelque manière à celles que contiennent sur notre globe tous les corps organisés pour réaliser leur développement et leurs divers mouvements ; force particulière qui n'est que le résultat de celle qui leur est transmise par la grande force motrice vitale et universelle ; car cette dernière se fractionne, se subdivise dans les moindres éléments comme dans les corps les plus étendus de l'univers, et toujours dans des proportions convenables.

Nous concevons, dans cette explication entièrement physique et mécanique, chaque système planétaire de l'univers exécutant à peu près comme le nôtre ses mouvements particuliers dans leurs différents orbites, au moyen d'un ou plusieurs astres incandescents, formant un foyer central autour duquel se groupent comme des satellites les autres astres qui dépendent du système. Ensuite tous ces systèmes, innombrables comme l'infini, participent à l'ensemble universel, et se trouvent pour ainsi dire coordonnés par les comètes qui les parcourent.

D'après les mêmes principes physiques et mécaniques, les mouvements particuliers des comètes s'expliquent facilement dans notre théorie, sans qu'on puisse toutefois en redouter les perturbations que les Newtoniens leur imputent, et encore moins la disparition d'un grand nombre d'entre elles, dans le soleil, auquel, selon eux, elles serviraient d'aliment ; car nous pensons avoir réfuté victorieusement ces hypothèses et établi les causes réelles qui ont occasionné les diverses perturbations qu'a déjà éprouvées notre globe, et celles que doivent encore lui faire subir d'autres cataclysmes.

Les compressions réciproques sont donc une des premières et peut-être l'unique cause de *développement* du calorique répandu dans tous les corps de la nature, développement qui l'oblige alors à devenir une cause première et immédiate de force et de mouvement. Ensuite, avec le calorique pris dans ses différents états, les gaz et leurs propriétés, qui sont aussi la conséquence des pressions et du calorique, et appuyé sur les principes de la porosité et de l'impénétrabilité moléculaire, notre théorie parvient à rendre compte de toutes les lois de mouvement, de toutes les perturbations apparentes des corps de l'univers, en même temps que, d'une manière satisfaisante et rationnelle, elle fournit l'explication de tous les autres grands phénomènes de la nature.

Du principe vital et de son mode d'action. — Passant ensuite à l'analyse du principe vital qui anime notre globe et tout ce qui en dépend, nous trouvons dans ce même arrangement de l'univers, tel que nous venons de le tracer, les moyens d'expliquer et la nature et le mode d'action de ce principe dans ses effets généraux et particuliers. Les pressions réciproques exercées dans notre système planétaire sur les fluides éthérés en contact, et notamment les plus immédiates pour nous et telles qu'elles sont éprouvées dans l'unité trinitaire des trois astres les plus influents, les plus en rapport (lesquels sont le soleil, la terre et la lune), suffisent pour démontrer que le principe vital de notre globe résulte de la combinaison de ces mêmes fluides pénétrant jusqu'à son centre, et mis dans une action continuelle, tant à l'intérieur qu'à l'extérieur. Ce sont les pressions réciproques de ces trois astres, dont les effets sont calculés à l'aide des formules de la pesanteur ou gravitation universelle, ce sont les transformations et mouvements qui en résultent dans leurs fluides gazeux ou impondérables, qui, dans leurs effets généraux, produisent les *marées*; et, dans leurs effets particuliers, les germes et leurs développements vitaux tant à l'intérieur qu'à l'extérieur du globe.

La concordance bien observée, bien réelle des marées, avec plusieurs autres grands phénomènes de la nature, devient un guide, un fil directeur dans ce labyrinthe auparavant sans issue, dans lequel s'égare encore aujourd'hui la science, lorsqu'elle veut pénétrer les causes mystérieuses du développement des corps organisés, du mouvement de la sève, des perturbations barométriques, des courants magnétiques, etc., etc., et plus particulièrement des marées comparées à leur absence presque totale dans les mers méditerranées. A l'aide de ce guide, on reconnaît que les pressions lunaires et solaires qui agissent régulièrement pendant le cours journalier de rotation de la terre, pour y produire alternativement sur l'Océan le retour constant et périodique des marées, étendent encore dans le même temps leur action compressive sur de certains fluides impondérables, élastiques et élémentaires, qui, en vertu des lois de la porosité, pénètrent non-seulement l'air atmosphérique comme tout autre corps matériel, mais se continuent jusqu'au centre du globe, où se trouve leur point de départ et où tous aboutissent. Ces mêmes fluides sont encore répandus dans tous les corps organisés où ils participent à ces commotions principales et journalières, qui leur font éprouver des effets réguliers et mécaniques, que nous avons comparés à ceux produits par l'élévation et l'abaissement du piston dans une pompe aspirante et foulante, ou plutôt dans les corps organisés à des pulsations vitales et réglées.

Telles sont, d'après notre théorie, les causes du principe vital et de son mode d'action. On conçoit alors facilement toutes les conséquences qu'on en doit tirer; conséquences d'autant plus vraies, d'autant plus rigoureuses, que la concordance des faits en forme une chaîne régulière et non interrompue. D'autres preuves non moins évidentes résultent d'une concordance si parfaite dans les effets de ces pressions journalières, agissant régulièrement et en même temps sur les corps les plus étendus comme sur les plus petits, sur les plus simples comme sur les plus composés de la nature; de telle sorte qu'il est impossible de rencontrer dans les faits observés aucune anomalie ou la moindre contradiction. Il n'est pas jusqu'aux courants magnétiques qui ne soient aussi le résultat de ces mêmes pressions.

Nous pouvons donc affirmer qu'en procurant à la science le nouveau point de départ que nous lui avons indiqué, nous l'avons mise sur une voie qui doit lui ouvrir d'abondantes et fructueuses observations sur les faits les plus importants et les plus dignes de son attention et de son examen.

Le calorique intérieur du globe est également soumis à l'action de la loi d'unité dans ses effets matériels et vitaux. — C'est ainsi que, par l'application de notre système, nous retrouvons aux pôles, du moins au pôle nord comme le plus accessible, dans ces lieux si précieux pour les recherches de la science, la cause directe de l'augmentation des oscillations du pendule et de la pesanteur spécifique. En effet, sur une partie sphérique tronquée, aplatie, la force compressive est nécessairement plus grande que sur d'autres points plus convexes du globe. Elle y est aussi augmentée par la nature de l'air atmosphérique, toujours plus dense, plus résistant, plus élastique et plus électrique sur cette partie du globe, et par l'absence complète de toute force centrifuge. Enfin cette puissance compressive se trouve en même temps en concordance avec la manifestation plus active de la force de réaction du calorique intérieur du globe à sa surface. Dans un rayon plus court, ce calorique s'élançant du centre à la circonférence avec une plus grande force, y ramène plus abondamment avec lui les fluides électro-magnétiques. Parvenus à ces points extérieurs polaires, où ils forment une espèce de réservoir, ces fluides plus abondants, plus comprimés, sont obligés de refluer et d'établir forcément leurs courants électro-magnétiques dans la direction de l'équateur, et d'y suivre des routes fixes seulement modifiées par des causes accidentelles. Ce même fluide électro-magnétique, encore plus abondant et plus comprimé aux époques peu éloignées des équinoxes, ne pouvant s'échapper par sa seule force de réaction aussi facilement dans l'espace, s'accumule sur les surfaces aplaties des deux pôles, dans une proportion suffisante pour y former, avec les autres conditions voulues, ces brillants phénomènes électriques appelés aurores boréales.

Les moyens de rénovations ou cataclysmes périodiques résident dans notre planète. — On trouve encore dans la plus grande énergie de ces compressions et réactions sans cesse agissantes les causes qui ont réellement rendu ces points les plus productifs du globe ; ils y forment des réservoirs inépuisables des poissons les plus nombreux et les plus monstrueux qui servent à approvisionner tous les peuples des autres parties de la terre. Ils sont aussi les points sur lesquels la nature prépare ses moyens de rénovations ou cataclysmes successifs subis par notre planète dans un cercle tracé.

Il devient donc plus évident que jamais, que dans la nature tout se lie, tout s'enchaîne ; que tout est soumis à cette loi physique si simple, si universelle, sans cesse agissante, qui est celle dont nous faisons l'application, et à l'aide de laquelle tous les phénomènes s'expliquent naturellement et sans effort. Par cette loi, le diamant comme la pierre brute s'approprient, ainsi que tous les minéraux et tous les êtres organisés, les fluides de diverses natures, toujours mis à leur portée par l'effet d'un mouvement vital, régulier et pour ainsi dire intestinal. Ces divers fluides, en pénétrant ainsi tous les corps organiques, concourent à leur croissance, à leur formation, selon le mode d'existence de chacun d'eux et la nature de l'ovaire ou de la matrice dans lesquels le principe vital l'a déposé ou l'a créé (1). Enfin, suivant cette loi, l'univers se conçoit éternel et immuable, rien ne pouvant se perdre ni se détruire, mais seulement subir dans un cercle tracé les transformations voulues : rien ne devant surtout s'anéantir par de prétendus chocs de comètes, les réactions des fluides comprimés étant toujours proportionnelles aux compressions, et d'ailleurs aucune action destructive n'ayant de prise sur les molécules élémentaires, dont les fluides impondérables, tels que l'électricité, forment sans doute la base. Or, il y a tout lieu de croire que ces fluides ne sauraient être atteints par une décomposition quelconque, qui les anéantirait dans leur essence primitive et sans analyse possible ; impossibilité bien réelle, bien désespérante pour la science, quoique ces fluides représentent des agents *matériels,* producteurs des forces et des mouvements éternels qui nous sont rendus si sensibles dans cette unité trinitaire et solidaire, formée entre la terre, le soleil et la lune.

Cette théorie, que nous avons publiée pour la première fois il y a six ans, dans notre brochure sur le mécanisme de l'univers et le principe vital, nous a paru compléter le système classique newtonien dans ce qu'il avait de trop vague, de trop hypothétique et de trop arbitraire, en le faisant rentrer dans le domaine de la physique, dont il n'aurait jamais dû sortir. Les cau-

(1) Il devient évident que les minéraux, pour alimenter dans leur état normal leur organisation de vitalité et de développement successif, absorbent non-seulement les fluides intérieurs, mais encore ceux extérieurs, sans cesse renouvelés par le mécanisme de la loi universelle de compression réciproque ; tandis qu'à l'extérieur, les règnes végétal et animal, tout en subissant les mêmes lois que le règne minéral, se trouvent dans des conditions différentes qui leur permettent de s'assimiler des éléments nutritifs de formes plus variées, mais également indispensables pour leur faire parcourir le cercle de leur vitalité. Ensuite, l'homme, occupant le sommet de l'échelle de la création, profite, dans sa puissance omnivore, de toutes les productions que la nature a mises à sa portée pour la satisfaction de ses besoins et de ses goûts et pour l'exercice de son intelligence.

ses éternelles de mouvement, avouons-le, ne sauraient être restreintes dans la nature à l'obligation d'une impulsion première purement mécanique et matérielle, reconnue devoir s'annihiler, tandis que nous les voyons se renouveler sans cesse sous nos yeux dans l'œuvre de la création, par les agents physiques les plus variés et dont le calorique, producteur de la lumière et de l'électricité, forme cependant la base ; ensuite le principe vital, universellement répandu et qui est aussi une cause particulière de force et de mouvement, ne saurait être en désaccord avec ces mêmes agents, et doit au contraire contribuer à en augmenter la puissance physique et l'harmonie.

Unité et solidarité universelles. — Lorsque nous considérons le soleil entraînant avec lui dans sa masse imposante et par son mouvement si rapide de translation tous les corps qui sont dans sa dépendance, nous sommes encore dans le vrai en accordant à cet astre central un foyer de lumière et de calorique, résultat de la compression que lui font éprouver les corps célestes environnants, et qui tous tendent sans cesse à graviter et à se précipiter sur lui. Et tout équilibre serait bientôt rompu si l'unité et la solidarité vitales et physiques des corps de l'univers n'étaient les résultats de ces compressions réciproques, seules capables, avec les fluides intermédiaires et les lois de la gravitation, de les maintenir dans des orbites sans cesse parcourues. Ainsi, en faisant l'application de notre loi unique de compression universelle de la manière que nous venons de l'énoncer, et en la considérant comme cause première du développement de la force vitale et motrice répandue proportionnellement dans tous les corps qui remplissent l'infini de l'espace, on parvient réellement à donner l'explication la plus rationnelle de tous les phénomènes qui se manifestent dans l'organisation du mécanisme de l'univers, sans qu'il soit même nécessaire d'employer d'autres principes ni d'autres matériaux que ceux vérifiés et adoptés par la physique moderne.

Ces principes d'unité, d'ensemble et d'éternité rattachent donc notre sphère à la masse générale des innombrables corps de l'univers dont elle fait partie, et prouvent qu'aucun des matériaux composant cet incommensurable édifice ne peut en être séparé. En outre, les fausses idées de commencement et de fin appliquées à notre planète disparaissent pour toujours, en retrouvant les causes de la périodicité de ses diverses modifications dans les effets constants et réguliers des éléments de son organisation particulière ; éléments qui participent incontestablement, nous sommes forcé de le reconnaître, de ceux des autres corps planétaires, dont elle n'est qu'une portion intégrante et solidaire.

Harmonie de la puissance vitale avec les lois de l'organisation matérielle de l'univers. — C'est ainsi que les qualités réputées *occultes* de la pesanteur ou gravitation universelle newtonienne, et reconnues agir en raison directe des masses et inverse du carré des distances, peuvent être expliquées physiquement et rationnellement, quant à leurs causes et à leurs effets, par les lois que nous avons signalées et qui font disparaître en même temps toutes les invraisemblances, toutes les anomalies, les perturbations et les contradictions qu'elles présentaient auparavant ; car les fluides éthérés, bien loin d'être des causes de résistance destructives du système newtonien, le renforcent au contraire, ainsi que nous l'avons établi, en devenant de puissants auxiliaires dans les moyens d'action si indispensables à la constitution d'un ensemble sans bornes, ainsi qu'à celle de l'unité, de l'éternité et de la solidarité universelles.

Les forces productives des marées ne peuvent donc plus, comme on le soutenait avant, borner leurs effets à cette unique et perpétuelle commotion océanique, dans un système où tout se tient, où tout s'enchaîne, et où il ne peut y avoir rien d'abstrait, rien d'isolé. Ce phénomène seul suffit pour prouver que toutes les forces vitales et organisatrices de la nature sont éternellement mises en action par des agents physiques et mécaniques que peut concevoir et analyser notre intelligence, aussi bien dans leurs principes constituants que dans leurs effets, enfin rendus sensibles par cette loi d'unité que le premier nous sommes parvenu à soumettre à une appréciation rigoureuse : loi entièrement physique, dont les philosophes de tous les temps, ainsi qu'Humboldt et tous les auteurs de cosmogonies, sont obligés de proclamer l'existence, en se déclarant toutefois impuissants à la formuler; loi, enfin, qui devient une de ces vérités d'un ordre élevé destinées à rester longtemps méconnues ou oubliées, parce qu'elles peuvent se passer de toutes les formules algébriques à l'aide desquelles il est si facile dans de pareilles matières de soutenir les propositions les plus fausses ou les plus spécieuses. C'est surtout en évitant, à l'exemple d'Humboldt, l'emploi abusif de ces formules, qu'on a pu saisir avec la plus grande précision le nouveau système que nous avons exposé d'une manière claire autant qu'abrégée. Les vérités incontestables qu'il renferme, déjà rendues sensibles dans notre examen critique du *Cosmos*, ressortiront bien davantage par les développements donnés dans nos précédents ouvrages et par ceux qu'ils recevront encore lors de la prochaine livraison des deux publications annoncées, et qui doivent les compléter. En attendant, les explications présentées sont plus que suffisantes à tout lecteur éclairé pour le mettre à même de juger de la portée et de la justesse de notre théorie.

Progrès assurés à l'agriculture, à la médecine et aux principes humanitaires par l'application de la loi d'unité. — Tels sont les résultats de notre nouveau système qui, en harmonisant, ce qu'aucun autre n'a encore pu faire, les effets inséparables de la puissance et de la force vitale avec ceux de l'organisation matérielle de l'univers, assure par cela seul d'immenses progrès à la médecine et à l'agriculture, en même temps qu'il prouve la corrélation intime et forcée des lois sociales et humanitaires, avec un ordre physique dont elles ne sont que la conséquence. Aussi, nous avons foi en notre théorie, et nous pensons qu'elle obtiendrait bientôt le rang que lui assigne son mérite, si cette prétendue république des lettres et des sciences n'était entièrement envahie par des maîtres jaloux et despotes d'un côté, et par de plats valets de l'autre, toujours habitués à repousser impitoyablement tout ce qui porte un caractère d'élévation et d'indépendance (1).

(1) Le véritable public ignorera encore longtemps les ressorts cachés mis en

jeu par les habiles du jour pour faire et grandir les réputations ; tous les camps
de romains rassemblés pour toujours applaudir, toutes les réclames des coteries
en renom pour toujours louer. Tel est invariablement le cours ordinaire des choses
dans un ordre social où le *suum cuique* ne paraît plus qu'une maxime ridicule.
Mais ce qui constitue le type particulier de notre époque, n'est-ce pas cet esprit
d'intrigue, de corruption et de patronage intéressé, actuellement si répandu jus-
que dans les rangs de nos plus hautes capacités qui ne veulent absolument admettre que des clients et des flatteurs? Toute forme indépendante ou qui n'est pas
obséquieuse les révolte. Avec l'ambition de la gloire, il faut encore satisfaire celle
plus substantielle des dignités lucratives. Pour obtenir d'être coulé en bronze, il
faut se faire de nombreuses créatures, voir même des séides qui ne jurent que sur
la parole du maître. Quelquefois aussi il faut salarier de si beaux dévouements,
et l'on est fort surpris de voir certaines incapacités notoires et absolues apparaître
tout à coup, toutes rayonnantes d'une savante production que leur illustre pro-
tecteur, pour leur faciliter l'obtention d'un emploi bien rétribué et souvent à bé-
néfice commun, leur a permis de mettre sous leurs noms auparavant si obscurs,
si ignorés. D'ailleurs, les plus précieux avantages du masque du pseudonyme ne
se résument-ils pas encore, pour ces adroits faiseurs de réputations exploitées en
partie double, dans la facilité qu'il leur procure pour se livrer impunément et
tout à leur aise aux combinaisons spéculatives et aux déplorables écarts d'une riche
et puissante imagination? C'est ainsi que par cette nouvelle et triste jonglerie si
caractéristique de notre siècle, se reproduit tout à la fois, et sous une autre forme,
une seconde représentation de l'Ane chargé de reliques et du Bouc responsable
du journalisme. Où es-tu donc, Molière, pour nous faire justice de ces impu-
dents Mascarilles de la littérature et de leurs honteux trafics?.....

OUVRAGES DU MÊME AUTEUR

DEVANT PARAÎTRE INCESSAMMENT

Pour faire suite à la Nouvelle Théorie de l'Univers.

PARALLÈLE DES CLIMATS INTERTROPICAUX AVEC CEUX DU NORD.

> « On reconnaîtra que tout ce qu'il y a de colossal
> et de grand dans la nature a été formé dans les mers
> du Nord. » Buffon, 5ᵉ Époque de la Nature.

> « Les plus grandes et les plus nombreuses espèces
> du globe, dans le règne végétal et animal, naissent
> dans le Nord, *indépendamment de la chaleur du
> soleil.* »
> Bern. de Saint-Pierre, 6ᵉ Étude de la Nature.

SOMMAIRE.

On a considéré jusqu'à présent les contrées du nord de l'Europe sous un faux point de vue. — L'Européen, séduit par le côté brillant des climats intertropicaux, s'en est formé une idée trop flatteuse. — Les premières impressions difficiles à détruire. — Opinion de Montesquieu sur l'influence du climat. — Supériorité des produits agricoles de l'Europe.

Le froid et la neige sont les meilleurs auxiliaires du cultivateur dans les contrées cultivées du Nord. — Causes de la force et de la rapidité de la végétation. — Toutes choses égales, le sol, sous tous les climats, ne peut donner annuellement que la même quantité de produits.

Déplacement de l'industrie séricole en Europe. — Sa progression vers le Nord. — Supériorité dans le règne minéral au Nord. — Forte végétation sous-marine aux pôles, produite par la seule action du calorique intérieur du globe. Abondance des poissons qui en est le résultat. — Avantages de la longueur des hivers pour le travail des manufactures. — L'homme du Nord, plus fort, plus robuste, consomme plus que l'habitant du Midi. — Aussi la nature lui a assuré des récoltes plus abondantes.

L'Europe est un pays nouveau pour les plantes de son agriculture. — Elle les a presque toutes tirées des contrées méridionales. — Plus féconde et plus industrieuse que ces dernières, elle a d'immenses progrès à faire sous ce rapport. — Avantages de l'introduction en Europe de la culture de plusieurs racines alimentaires à fécule des tropiques, supérieures à la pomme de terre, et de plusieurs autres plantes fort utiles. — Analyse du travail employé par la nature pour assurer aux pays du Nord des productions plus abondantes qu'à ceux du Midi.

Récapitulation des faits et des principes scientifiques sur lesquels est appuyée la doctrine de l'auteur. — L'action du calorique intérieur du globe, peu sensible à l'équateur, va en augmentant jusqu'aux pôles, où elle atteint son maximum. — Ce calorique y est l'agent le plus actif de la végétation. — Son action est soumise comme les marées aux influences de compression ou pesanteur universelle de notre système planétaire. — Preuves. — Résultats des forces centripète et centrifuge sous le rapport de l'organisme du globe et de ses effets dans les trois règnes. — Causes de la concordance des lois organiques dans les productions végétales et animales, océaniques et terrestres

Russie. — États-Unis. — Leur destinée future. — Développement de la culture de la vigne en Russie. — Cet empire renferme les contrées et les latitudes les plus favorables à l'introduction de la culture du plus grand nombre des plantes dites intertropicales. — Preuves. — Opportunité de ces cultures, qui, par l'effet de la politique anglaise, vont se trouver presque anéanties dans les Indes-Occidentales. — Principales erreurs et préjugés scientifiques qui se sont opposés jusqu'à présent à l'introduction de ces cultures en Europe. — Principes servant de base à une nouvelle théorie de la végétation soupçonnée par

Linnée et Humboldt. — Faits et principes de physique à l'appui, que vingt ans de séjour dans les contrées intertropicales ont permis à l'auteur de cette nouvelle théorie de mieux observer. — Les faits et les aperçus recueillis par Bernardin de Saint-Pierre dans ses *Études de la nature* sont aussi conformes à ce nouveau système. — Analyse raisonnée des aperçus et des opinions de Bernardin.

Difficultés pour faire adopter de nouvelles vérités d'un ordre élevé. — Causes du retard apporté dans le développement du progrès moral et matériel en France. — Avec un plus grand nombre d'éléments de force et de prospérité, la France plus arriérée que l'Angleterre. — Pourquoi. — Impuissance de la France pour coloniser. — La Louisiane, le Canada. — L'Algérie, gouffre permanent. — Supériorité de l'Angleterre. — Le secret de sa puissance, celui de sa faiblesse. — Rivalité prépondérante des Etats-Unis. — Dans la force de la jeunesse, ils bénéficient de tous les débris, de toutes les fautes de la vieille Europe, en attendant l'instant peu éloigné où politiquement ils l'absorberont tout entière.

ABRÉGÉ D'UNE NOUVELLE THÉORIE DE LA TERRE,
SUIVI DE
L'EXPOSÉ DE LA CAUSE DU MOUVEMENT DE LA SÈVE.
SOMMAIRE.

Première partie. — THÉORIE DE LA TERRE.

La terre ne peut avoir eu une origine d'incandescence. — Elle ne peut non plus devenir un corps inerte et dépourvu d'êtres organisés par suite d'un refroidissement successif. — Preuves de la fausseté de ces opinions classiques. — Unité du globe terrestre avec l'ensemble de l'univers.

La terre, corps animé. — Transpiration et respiration du globe. — Distribution du principe vital dans les corps organisés. — Différence dans la force d'action de ce principe sur divers points du globe. — Mouvement perpétuel dans tous les corps de la nature. — Leurs transformations éternelles dans un cercle tracé. — Émanations souterraines. — Leurs effets. — L'électricité est la principale cause de la différence de couleur dans l'épiderme de la peau humaine.

Eternité du globe dans son essence de matérialité et de vitalité. — Rénovations ou cataclysmes du globe nécessaires pour la régénération des races et de tous les corps organisés et pour assurer leur plus grand développement. — Tous les phénomènes géologiques et physiques de notre globe trouvent une solution facile et rationnelle lorsqu'on rattache leur explication à la loi d'unité qui régit l'univers.

Analyse synthétique et raisonnée des différents systèmes sur la théorie de la terre, et leur comparaison avec celui de l'auteur.

Seconde partie. — MOUVEMENT DE LA SÈVE.

Sa cause générale, regardée comme occulte, enfin expliquée. — Par cette explication, le mouvement général de la sève se conçoit aussi bien dans le fond des eaux que sur la superficie extérieure du globe. — Causes particulières et accidentelles de ses divers mouvements. — Différents systèmes des auteurs anciens et modernes. — Leur examen critique.

Nouvelle théorie de MM. Wels et Arago sur la rosée. — Erreur dans laquelle ils tombent en expliquant ce phénomène. — Refroidissement par le calorique rayonnant des surfaces. — Ce refroidissement *seul* ne suffit pas pour expliquer les accidents attribués à la lune rousse, comme le prétendent ces savants. — Il faut y ajouter l'action de la rosée *tombante,* dont ils nient l'existence. — Preuves. — Rosées extrêmement froides et abondantes en Afrique. — Elles n'ont jamais lieu en pleine mer sous les mêmes latitudes. — Pourquoi. — Résumé.

PARIS. — TYPOGRAPHIE PLON FRÈRES, RUE DE VAUGIRARD, 36.
Germain-Simier, 245, rue Saint-Honoré.

www.ingramcontent.com/pod-product-compliance
Lightning Source LLC
LaVergne TN
LVHW012302050726
842524LV00004B/1190